Ernst Probst

Das Aurignacien in Österreich

Eine Kulturstufe der Altsteinzeit

Widmung

Den Prähistorikern Dr. Elisabeth Ruttkay (1926–2009) und
Professor Dr. Johannes-Wolfgang Neugebauer (1949–2002) gewidmet,
die mich bei meinen Büchern
„Deutschland in der Steinzeit" (1991) und
„Deutschland in der Bronzezeit" (1996) unterstützt haben.

Impressum:
Das Aurignacien in Österreich
1. Auflage als Print-Buch: Mai 2019
Autor: Ernst Probst
Im See 11, 55246 Mainz-Kostheim
Telefon: 06134/21152
E-Mail: ernst.probst (at) gmx.de
Herstellung: Amazon Distribution GmbH, Leipzig
Alle Rechte vorbehalten
ISBN: 978-1097861552

Mammutjäger und Gefährtin aus der jüngeren Altsteinzeit.
Zeichnung: Shuhei Tamura, Kanagawa, Japan

„Venus vom Galgenberg" bei Stratzing in Niederösterreich.
Foto: Don Hitchcock / CC-BY-SA3.0AT (via Wikimedia Commons),
lizensiert unter Creative-Commons-Lizenz by-sa-3.0-at,
https://creativecommons.org/licenses/by-sa/3.0/at/legalcode

Vorwort

Das ältesteste Kunstwerk in Österreich

Vor rund 36.000 Jahren ließ ein Steinzeit-Mensch am Galgenberg von Stratzing bei Krems das älteste Kunstwerk Österreichs liegen. Dort entdeckte man 1988 die 7,20 Zentimeter hohe, aus grünem Gestein geschaffene Figur bei einer Ausgrabung der Prähistorikerin Christine Neugebauer-Maresch wieder. Der als grazile Tänzerin oder Jäger mit Keule gedeutete Sensationsfund wird in dem Taschenbuch „Das Aurignacien in Österreich" des Wissenschaftsautors Ernst Probst zusammen mit anderen Hinterlassenschaften eiszeitlicher Jäger und Sammler beschrieben. Das nach einem französischen Fundort benannte Aurignacien ist eine Kulturstufe der Altsteinzeit, in der die ersten anatomisch modernen Menschen erschienen und zeitweise neben Neanderthalern existierten. Mit Wurfspeeren und Stoßlanzen brachten sie sogar tonnenschwere Mammute zur Strecke. In Frankreich schufen sie prächtige Malereien von Fellnashörnern, Wildpferden und Höhlenlöwen. Aus Deutschland kennt man Flöten aus Vogelknochen und Mammutelfenbein sowie aus Mammutelfenbein geschnitzte Figuren von Tieren und Menschen.

*1852 entdeckte Höhle von Aurignac
im französischen Département Haute Garonne.
Nach ihr ist die Kulturstufe Aurignacien benannt.
Foto: MathieuMD / Wikimedia Commons / CC-BY-SA4.0,
lizensiert unter Creative-Commons-Lizenz by-sa-4.0-de,
https://creativecommons.org/licenses/by-sa/4.0/legalcode*

Mit Lanzen auf Mammutjagd

Das Aurignacien in Österreich

Im Aurignacien vor etwa 35.000 bis 29.000 Jahren lösten auch im Gebiet des heutigen Österreich die ersten anatomisch modernen Jetztmenschen *(Homo sapiens)* auf bisher unbekannte Weise die letzten Neanderthaler *(Homo neanderthalensis)* ab. Nach den Funden zu schließen, lebten Menschen des Aurignacien in Niederösterreich, in der Steiermark und in Tirol.

Wenn man dem Online-Lexikon „Wikipedia" glaubt, hat das Aurignacien bereits vor etwa 40.000 Jahren begonnen und bis vor rund 31.000 Jahren gedauert. Ein internationales Forscherteam, datierte 2014 Neufunde von Steinwerkzeugen aus Willendorf in Niederösterreich, die sie dem Aurignacien zuordneten, auf etwa 43.000 Jahre. Es hieß, anatomisch moderne Menschen hätten Zentraleuropa früher besiedelt, als man bisher annahm, und diese Region länger, als man vorher glaubte, mit Neanderthalern geteilt.

Der Begriff Aurignacien wurde 1869 durch den französischen Prähistoriker Gabriel de Mortillet (1821–1898) eingeführt. Namengebender Fundort ist die Halbhöhle (Abri) von Aurignac im Département Haute Garonne. Die Höhle von Aurignac wurde 1852 entdeckt, als ein Mann auf ein Kaninchenloch stieß und diese Stelle aufgrub, um Kaninchen zu fangen. Dabei fand er menschliche Knochen, grub weiter und gelangte in eine Höhle, in der mindestens 17 menschliche Skelette lagen. Der Entdecker informierte den Bürgermeister

Französischer Prähistoriker Edouard Lartet (1801–1871).
Foto: Museum of Toulouse / CC-BY-SA3.0
(via Wikimedia Commons)
lizensiert unter Creative-Commons-Lizenz by-sa-3.0-en,
http://creativecommons.org/licenses/by-sa/3.0/legalcode

von Aurignac, der anordnete, die Skelette auf dem Friedhof zu begraben. Als der Rechtsanwalt und Prähistoriker Edouard Lartet (1801–1871) aus Paris 1860 nach diesen Funden fragte, wusste niemand mehr, wo sie begraben worden waren. Lartet grub 1860 in der Höhle von Aurignac und barg Steinwerkzeuge und Speerspitzen einer Stufe, die später den Namen Aurignacien erhielt.

Das Aurignacien gilt als älteste Kulturstufe des Jungpaläolithikums (etwa 35.000 bis 10.000 Jahre). Ihm gingen die Kulturstufen Moustérien (etwa 125.000 bis 40.000 Jahre) und Blattspitzen-Gruppen (etwa 50.000 bis 35.000 Jahre), auch Szeletien genannt, voraus. An das Aurignacien schloss sich das Gravettien (etwa 28.000 bis 21.000 Jahre) an. Über die Dauer dieser Kulturstufen kursieren unter-schiedliche Angaben.

In Österreich fiel das Aurignacien weitgehend in eine Warmphase, die Stillfried-B-Interstadial genannt wird und dem Denekamp-Interstadial entspricht. Damals konnten sich am Alpenrand vorübergehend wieder Fichtenwälder behaupten. Während dieser Warmphase existierten in Österreich unter anderem Höhlenbären, Höhlenlöwen, Höhlenhyänen, Wölfe, Rotfüchse, Auerochsen, Wildpferde, Steinböcke, Gämsen und Rothirsche. In der vorausgehenden und nachfolgenden Kaltphase traten Mammute, Fellnashörner, Rentiere, Eisfüchse und Schneehasen auf.

Der österreichische Quartärgeologe, -morphologe und Bodenkundler Julius Fink (1918–1981) aus Wien hat die Schichtenabfolge von Stillfried an der March in Niederösterreich untersucht. Durch seine Arbeiten wurde diese Schichtenabfolge zu einem Standard-Lössprofil in Österreich und darüber hinaus. Fink bezeichnete drei zuunterst liegende Humuszonen zwischen Löss als Stillfried-A. Sie sind während frühwürmzeitlicher Klimaschwankungen entstanden. Darüber folgt eine

Aurignacien-Mensch in Süddeutschland
beim Schnitzen einer Figur aus Mammutelfenbein.
Zeichnung: Fritz Wendler (1941–1995)
für das Buch „Deutschland in der Steinzeit" (1991)
von Ernst Probst

schwache fossile Bodenbildung aus einer Wärmeschwankung, die von Fink Stillfried-B genannt wurde. In der Tischoferhöhle im Kaisertal bei Kufstein in Tirol entdeckte man in einer Lehmschicht aus dem Aurignacien die Knochen von etwa 400 Höhlenbären. Deutlich spärlicher waren Reste von Höhlenlöwe, Höhlenhyäne, Wolf, Fuchs, Steinbock, Gämse und Murmeltier. Aus der Repolusthöhle in der Steiermark kennt man Skelettreste von Höhlenbär, Braunbär, Wolf, Fuchs, Wisent, Steinbock, Rothirsch, Wildschwein, Murmeltier, Dachs, Marder und Hamster. Auf dem Freilandfundplatz Horn in Niederösterreich barg man Knochen von Fellnashorn, Wildpferd und Rentier.

Aus Österreich liegen bisher keine menschlichen Skelettreste des *Homo sapiens* aus dem Aurignacien vor. Solche sind aber in den Nachbarländern Deutschland und Tschechien gefunden worden. Seltsamerweise kennt man aus dem nachfolgenden Gravettien etliche menschliche Skelettreste aus Österreich.

Von Aurignacien-Menschen stammen beispielsweise Zähne aus Brassempouy und Fossilien aus der Höhle von Isturitz im Département Landes, Zähne aus der Höhle Les Rois bei Mouthiers im Département Charente, mindestens ein Zahn aus Le Ferrassie im Département Dordogne (alle vier Frankreich), Schädelreste aus Brühl bei Heidelberg, Knochenfragmente von zwei Menschen aus der Honerthöhle bei Binolen (beide Deutschland) sowie Schädel aus der Bocek-Höhle bei Mladec, früher Lautsch genannt (Tschechien). Andere Funde, die man früher dem Aurignacien zuordnete, wurden falsch datiert oder sind heute noch fraglich.

Anfang des 21. Jahrhunderts wurde zeitweise die Existenz des Aurignacien als eine Kulturstufe, in der anatomisch moderne Menschen *(Homo sapiens)* lebten, bezweifelt. Dies hatte mehrere Ursachen. 2002 erfolgte eine Altersdatierung von Begleitfunden

Große Badlhöhle bei Peggau in der Steiermark.
Foto: Thülo Parg / CC-BY-SA3.0 (via Wikimedia Commons),
lizensiert unter Creative-Commons-Lizenz by-sa-3.0,
https://creativecommons.org/licenses/by-sa/3.0/legalcode

des Cro-Magnon-Menschen, der als Synonym für den eiszeitlichen *Homo sapiens* gilt und früher ins Aurignacien gestellt wurde, in das Gravettien. 2004 datierte man die bis dahin dem Aurignacien zugerechneten Menschenschädel aus der Vogelherdhöhle in Süddeutschland in die Jungsteinzeit. 2006 korrigierten drei deutsche Prähistoriker (Martin Street, Thomas Terberger, Jörg Orschiedt) zu hohe Altersdatierungen einiger deutscher Fossilfunde. Demnach gehörten manche dieser Fossilien nicht mehr ins Aurignacien und Gravettien. Zeitweise hieß es, im Aurignacien hätten statt anatomisch moderner Menschen nur die Neanderthaler existiert. Erstaunt las man 2004 in der „Süddeutschen Zeitung" (München): „Waren die ersten Künstler Neandertaler?" Doch die Zweifel verstummten bald wieder.

Die Jäger und Sammler des Aurignacien wohnten in Höhlen und im Freiland. Manche der Höhlen war schon von Neanderhalern bewohnt worden. Nach der Ausdehnung der Siedlungsspuren zu schließen, lebten die Menschen des Aurignacien in Familien oder Sippen mit geringer Kopfzahl. Die Höhlen- und Freilandsiedlungen lagen meist in Fluss- oder Bachtälern oder in der Nähe einer Quelle.

Höhlen mit Spuren der Anwesenheit von Aurignacien-Leuten kennt man aus Tirol (Tischoferhöhle) und aus der Steiermark (Große Badlhöhle, Repolusthöhle, Lieglloch). Die Tischoferhöhle im Kaisertal bei Kufstein ist am Eingang etwa 20 Meter breit und 9 Meter hoch. Sie führt ungefähr 20 Meter weit in den Berg. Die Große Badlhöhle bei Peggau liegt 495 Meter hoch im höhlenreichen Badlgraben. Man unterscheidet darin die „Löwenhalle", „Bärenhalle" und „Steinzeithalle". Ebenfalls im Badlgraben befindet sich in 525 Meter Höhe die Repolusthöhle bei Peggau. Sie liegt an einem sonnigen Südhang und weist verhältnismäßig trockene Böden und Wände

*Willendorf an der Donau in der Wachau (Niederösterreich).
Foto: Christian Janska (User Tschaensky) / CC-BY-SA2.5
(via Wikimedia Commons),
lizensiert unter Creative-Commons-Lizenz by-sa-2.5-en,
https://creativecommons.org/licenses/by-sa/2.5/legalcode*

auf, in der Nähe befindet sich eine Quelle. In noch größerer Höhe ist die Höhle Lieglloch (auch Bergerwandhöhle) am Fuße der Bergerwand im Toten Gebirge bei Tauplitz anzutreffen. Sie liegt 1.290 Meter über dem Meer. Das Lieglloch diente vermutlich Höhlenbärenjägern als Lager.

Die ersten Grabungen in der Höhle Lieglloch wurden 1926 auf Anregung des Oberlehrers Franz Angerer (1896–1949) aus Tauplitz durchgeführt. 1930 setzten dessen Schüler Franz Pichler (1920–1988) und Heinrich Pichler (1923–1943) die Grabungen fort. 1946 wurde die Höhle durch den Leiter der „Steirischen Phosphat-Suchaktion", Alexander von Schoupé (1915–2004) aus Graz, erforscht. Dabei fand der Ingenieur Viktor Maurin aus Graz einen Lagerplatz. 1947 ließ das Bundesdenkmalamt die Höhle untersuchen. Im August 1947 grub die Grazer Paläontologin und Geologin Maria Mottl (1906–1980) in der Höhle Lieglloch und entdeckte dabei einen Lagerplatz.

Siedlungen im Freiland gab es vor allem in Niederösterreich. Dazu gehören die fundreichen Stationen Willendorf, Gösing, Krems-Hundssteig, Langmannersdorf, Senftenberg, aber auch die weniger ergiebigen Lagerplätze Getzersdorf, Groß-weikersdorf, Horn und Stratzing-Galgenberg. Auf einige dieser Fundorte wurde man bereits im 19. Jahrhundert aufmerksam. Im Freiland haben die Menschen des Aurignacien vermutlich Zelte oder Hütten errichtet.

Im Gebiet von Willendorf am nördlichen Donauufer in der Wachau rechnet man von den insgesamt sieben Freiland-stationen nur die Fundstelle II dem Aurignacien zu. Von den neun Fundschichten in Willendorf II (Ziegelei Ebner) werden die zweite, dritte und vierte Schicht dem Aurignacien zugeordnet. Bei den Funden aus dem Aurignacien handelt es sich hauptsächlich um Steinwerkzeuge. Die Willendorfer

Wiener Prähistoriker Josef Szombathy (1853–1943).
Foto: (via Wikimedia Commons),
Lizenz: gemeinfrei (Public domain)

Stationen liegen auf einem Lössrücken zwischen dem Donauufer und den Ausläufern des Nussberges und boten den Jägern einen guten Ausblick ins Donautal. Beim Abbau des Löss wurden bereits Mitte des 19. Jahrhunderts einzelne Funde geborgen. Die erste planmäßige Ausgrabung nahm 1883 der Wiener Prähistoriker Josef Szombathy (1853–1943) vor. Szombathy hat 1882 die urgeschichtliche Abteilung des „Naturhistorischen Museums Wien" gegründet und 40 Jahre lang betreut. Er bereicherte die Sammlungen dieser Abteilung durch zahlreiche auf dem Gebiet der damaligen österreichischen Monarchie durchgeführte Grabungen.

Weitere Ausgrabungen in Willendorf folgten von 1907 bis 1909 im Zusammenhang mit dem Bau der Wachaubahn und später. Die Fundstelle Willendorf II wurde 1889 durch den Ingenieur und Heimatforscher Ferdinand Brun (1850–1903) aus Kottes entdeckt, der 1883 bereits Willendorf I aufgespürt hatte.

Seit langem sind auch Siedlungsreste aus der Gegend von Gösing bei Kirchberg am Wagram in Niederösterreich bekannt. Der Wiener Fabrikant und Heimatforscher Matthäus Much (1832–1909) berichtete bereits 1871 von durch Menschenhand gespaltenen Mammutknochen und Holzkohlenstücken aus der Feuerstelle, die in einem Keller von Gösing zum Vorschein gekommen war. 1877 entdeckte er nördlich von Gösing im Ort Ronthal eine Station aus dem Aurignacien. 1882 informierte er über Funde bei dem nördlich von Gösing gelegenen Ort Stettenhof sowie über schon 1862 geborgene Funde. 1925 glückten im Raum Gösing weitere Entdeckungen. Letztere Funde kamen bei einer Exkursion des Wiener Prähistorikers Josef Bayer (1882–1931) zum Vorschein, die von Mai bis November währte. Bayer wurde dabei von der Sekretärin Karoline (genannt Lotte) Adametz (1879–1966) von der

Wiener Fabrikant und Heimatforscher
Matthäus Much (1832–1909).
Bild: Thomas Ledl / CC-BY-SA4.0 (via Wikimedia Commons),
lizensiert unter Creative-Commons-Lizenz by-sa-4.0-en,
https://creativecommons.org/licenses/by-sa/4.0/legalcode

„Geologisch-Paläontologischen Sammlung" des „Natur-
historischen Museums Wien" sowie von dem Weinbauern und
Heimatforscher Karl Wallner (1878–1966) aus Wagram
begleitet. Bayer war Direktor der Anthropologischen und
Prähistorischen Abteilung des „Naturhistorischen Museums
Wien".
Zu den berühmtesten Fundstellen aus dem Aurignacien in
Österreich zählt ein Lößrücken namens „Hundssteig" im
Stadtgebiet von Krems an der Donau. Dort wurden schon
1645 von schwedischen Soldaten unter General Lennart
Torstenson (1603–1651) beim Ausheben von Schanzwerken
Mammutkno-chen und ein Zahn entdeckt, die man damals
phantasievoll dem „Riesen von Krems" zuschrieb. Der
„Kremser Riesenzahn" wurde 1647 von dem Frankfurter
Künstler Matthäus Merian der Ältere (1593–1650) im fünften
Band seines Werkes „Theatrum Europaeum" abgebildet.
Damals ahnte niemand, dass einst in Mitteleuropa Elefanten
gelebt hatten.
Die ersten Siedlungsreste am Hundssteig wurden 1893 gefun-
den, als man eine Lösskuppe nordwestlich des Wächtertores
abbaute, um Erdmaterial zum Aufschütten eines Hoch-
wasserschutzdammes an der Donau bei Krems zu gewinnen.
Dabei stieß man in etwa acht Meter Tiefe auf Asche, Holzkohle,
Tierknochen und Steinwerkzeuge. Die Steine waren teilweise
dem Feuer ausgesetzt gewesen und dadurch in der Farbe
verändert. Der Obmann des Städtischen Museumsausschusses,
Propst Anton Kerschbaumer (1823–1909), und Professor
Johann Strobl (1844–1910) aus Krems vermuteten, dass man
hier ähnliche urgeschichtliche Funde entdeckt hatte, wie man
sie aus Willendorf kannte. Weitere Funde glückten beim Abbau
von Löss in den Jahren 1899, 1900, 1902/1903 und 1904. Meist

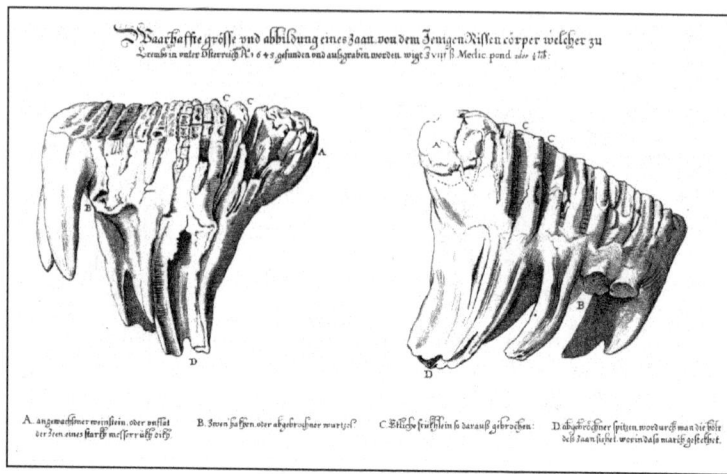

1645 in Krems entdeckter Mammutzahn, der irrtümlich als Zahn
eines Riesen betrachtet wurde.
Der Frankfurter Künstler Matthäus Merian der Ältere (1593–1650)
bildete den vermeintlichen „Kremser Riesenzahn"
im fünften Band seines Werkes „Theatrum Europaeum" ab

Matthäus Merian der Ältere
(1593–1650).
Zeichnung: Porträt
eines unbekannten Künstlers.
(via Wikimedia Commons),
Lizenz: gemeinfrei
(Public domain)

waren es Steinwerkzeuge, aber auch schwarzgebrannte Knochensplitter, Rötelknollen und Schmuckschnecken.

Seit langem kennt man die Freilandstation Senftenberg im Tal der Krems. Dort wurden in der Ziegelei Gneisl Steinwerkzeuge und eine Feuerstelle im Lehm entdeckt. Die ersten Funde von Senftenberg wurden von 1912 bis 1930 beim Abbau von Löss durch einen Ziegeleibetrieb geborgen. 1949 nahmen der Wiener Prähistoriker Franz Hampl (1915–1980) und der Wiener Prähistoriker Karl Kromer (1924–2003) eine Ausgrabung vor, bei der sie zahlreiche Artefakte entdeckten.

Interessante Einblicke in das Leben der Aurignacien-Leute erlauben besonders die beiden Lagerplätze von Mammutjägern in Langmannersdorf an der Perschling. Der erste davon, der Lagerplatz A, wurde entdeckt, als Regenwasser einen Hohlweg auswusch und Mammutknochen freilegte. Ein Heimatforscher bemerkte an diesen Knochen Spuren menschlicher Tätigkeit. Daraufhin unternahmen er und der damals gerade in Wien wirkende deutsche Prähistoriker Hugo Obermaier (1877–1946) im Jahr 1907 eine Versuchsgrabung. Sie fanden eine mit Sandsteinplatten bedeckte Fläche von mehreren Metern Ausdehnung, auf der Knochenreste vom Mammut, Fellnashorn und Rentier sowie Feuersteingeräte lagen. Offenbar war dies einst ein Tranchierplatz gewesen, auf dem die Menschen des Aurignacien ihre Jagdbeute zerlegten und verzehrten. Vermutlich hielt sich hier eine Gruppe von vielleicht acht bis zehn Personen auf. Etwa zwei Meter davon entfernt befand sich einst eine kreisrunde Feuerstelle. Sie enthielt eine dicke Schicht von Brandresten, vor allem kleine verkohlte Knochenstücke, die man als Heizmaterial ins Feuer geworfen hatte.

Im Frühjahr 1919 fand der Wiener Prähistoriker Josef Bayer in Langmannersdorf den Lagerplatz B, der etwa 60 Meter südlich von Lagerplatz A lag. Während der Ausgrabung vom

Spätsommer 1919 an stellte Bayer eine große Feuerstelle fest, um die sich Mahlzeit-, Steinschläger- und Knochenabfallplätze gruppierten. Die wichtigste Entdeckung aber war eine Wohngrube mit fast rundem Grundriss von 2,50 Meter Durchmesser, die 1,70 Meter tief in den Boden reichte. Diese Grube soll nach Ansicht von Bayer mit einem Dach aus Reisig und Tierfellen bedeckt gewesen sein. Windschirme an der Nord- und Westseite schützten vermutlich vor Kälte und Wind, der häufig feinen Löß herbeiwehte. Zwei durch Löss getrennte Kulturschichten in der Wohngrube deuten auf einen zwei-maligen Aufenthalt von Aurignacien-Leuten hin. Beim Ausgraben der Wohngrube hatte man einen länglichen Lössblock stehen gelassen, der beim ersten Aufenthalt als Sitzbank diente. Im Boden der Wohngrube befand sich eine dicke Schicht aus zahlreichen Tierknochen und Feuersteinen, deren Ausdehnung die Größe und Form der Grube erkennen ließ. Die Wände waren zumeist steil, nur im Süden bildeten sie einen schrägen Zugang. Drei dazugehörige Pfostenlöcher lassen auf eine pultartige Überdachung schließen. Etwa 1.000 Feuersteinabschläge in der Grube zeigen, dass sich dort ein Steinschläger betätigt hat.

Der Lagerplatz A von Langmannersdorf wurde 1905 durch den damals in Klosterneuburg wirkenden Weinbauadjunkt und Heimatforscher Albert Stummer (1882–1972) entdeckt und bekannt gemacht. 1949 untersuchte der Wiener Prähistoriker Wilhelm Angeli (1923–2015) diese Fundstelle.

Von anderen Fundorten in Niederösterreich liegen beschei-denere Siedlungsspuren aus dem Aurignacien vor. In Get-zersdorf unweit von St. Pölten beispielsweise barg man bearbeitete Steine, Knochen und Mammutelfenbein, die auf die Existenz einer Freilandstation hindeuten.

Der Fundplatz Getzersdorf wurde 1909 durch den Wiener

Prähistoriker Josef Bayer entdeckt und 1910/1911 von ihm erforscht.

In der Ziegelei Rieger in Großweikersdorf fand man Steinwerkzeuge, Holzkohle, Jagdbeutereste und Schneckengehäuse. Die Fundstelle in Großweikersdorf wurde 1912 beim Lössabbau entdeckt und durch den Fabrikbesitzer und Prähistoriker Matthäus Much aus Wien untersucht. 1956 stellte der Wiener Prähistoriker Karl Kromer eine Kulturschicht mit zahlreichen Funden fest. 1967 folgte eine Untersuchung und teilweise Ausgrabung durch den Wiener Geologen und Prähistoriker Friedrich Brandtner (1920–2000) und den Wiener Paläontologen Adolf Papp (1915–1983).

In Horn-Raabser Straße ist eine Feuerstelle mit Holzkohleresten und Feuersteinwerkzeugen entdeckt worden. Bei der Fundstelle Horn-Raabserstraße handelt es sich um die ehemalige Sandgrube des Architekten und früheren Stadtbaumeisters Kamillo Krejci aus Horn. 1916 entdeckte der Notar Maximilian Bernhauer (1866–1946) aus Horn in dieser Sandgrube erstmals fossile Tierknochen. Nach dem Fund eines Feuersteinabsplisses untersuchte der Postbeamte Josef Höbarth (1891–1952), der Gründer und damalige Leiter des Stadt-museums in Horn, die Fundstelle, wobei er eine Kulturschicht mit Holzkohle und zerschlagenen Tierknochen freilegte. Darauf informierten Bernhauer und Höbarth den Wiener Prähistoriker Josef Bayer, der am Pfingstsonntag 1931 zusammen mit Bernhauer und Höbarth die Fundstelle besichtigte. Ende Mai 1931 nahm Bayer eine Ausgrabung vor, bei der Tierknochen, Absplisse, etwas Holzkohle und ein winziges Stück Graphit geborgen wurden. Da Bayer bald danach am 23. Juli 1931 starb, wurden die Grabungsbefunde nicht publiziert. Erst 1957, als die Sandgrube bereits größtenteils zugeschüttet war, führte der Wiener Geologe und Prähistoriker Friedrich Brandtner eine zweite

Das nach dem Heimatforscher Josef Höbarth (1891–1952)
benannte Höbarth-Museum in Horn bewahrt eine der bedeutendsten
urgeschichtlichen Sammlungen Niederösterreichs auf.
Foto: GuentherZ / CC-BY3.0 (via Wikimedia Commons),
lizensiert unter Creative-Commons-Lizenz by-3.0-de,
https://creativecommons.org/licenses/by/3.0/legalcode

Ausgrabung durch. Da Brandtner von 1957 bis 1985 in den USA arbeitete und danach in Gars am Kamp in Österreich lebte, kam es erneut zu keiner Publikation über die Funde. Eine Darstellung und Auswertung der Grabungsergebnisse anhand des Fundgutes und der zur Verfügung stehenden Unterlagen erfolgte erst 1980 durch den damals in Wien wirkenden Anthropologen Wolfgang Heinrich als Nachtrag zu dessen Doktorarbeit.

Von einem Hohlweg ist die Freilandstation in der Ziegeleigrube östlich des Galgenberges von Stratzing durchschnitten. In der dunklen Fundschicht barg im Frühjahr 1941 der Kaufmann, Amateur-Archäologe und -Paläontologe Emil Weinfurter (1904–1968) aus Wien das Stoßzahnfragment eines Mammuts, Holzkohle, zerbrochene Jagdbeutereste vor allem vom Rentier und viele Werkzeuge aus Hornstein.

Umstritten ist die Zuordnung zahlreicher Fundorte von Steinwerkzeugen aus dem Gebiet von Drosendorf an der Thaya im Waldviertel (Niederösterreich) ins Aurignacien. Der bereits erwähnte Prähistoriker Hugo Obermaier und der Wiener Ingenieur und Heimatforscher Franz Kießling (1859–1940) fassten 1911 diese Fundorte unter dem Begriff „Plateaulehmpaläolithikum" zusammen und rechneten sie dem Aurignacien zu. Dem „Plateaulehmpaläolithikum" gehörten nach ihrer Auffassung die Fundorte Drosendorf an der Thaya, Thürnau, Autendorf, Trabersdorf, Nonndorf (alle links der Thaya gelegen) sowie Zissersdorf (rechts der Thaya) an. Die dem „Plateaulehmpaläolithikum" zugerechneten Fundorte wurden meist von dem Ingenieur und Heimatforscher Kießling entdeckt: Thürnau (Flur Dasing-Feld) 1890, Autendorf (Flur Lüßen) im Sommer 1895, Funde von Klaubsteinhaufen, Trabersdorf (Flur Aufeld), Nonndorf (Flur Schwarzäcker) 1902, Zissersdorf (Flur Käferäcker) 1904.

Mammutjagd im Aurignacien in Niederösterreich.
Zeichnung: Fritz Wendler (1941–1995)
für das Buch „Deutschland in der Steinzeit" (1991)
von Ernst Probst

Große Mengen an Knochenresten vom Mammut in Frei-
landstationen zeigen, dass dieses Rüsseltier von den Aurigna-
cien-Jägern sehr häufig gejagt wurde. Außerdem haben sie aber
auch Wildpferde und Rentiere erlegt. Zu dieser Zeit standen
für die Jagd lediglich Stoßlanzen und Wurfspeere zur
Verfügung. Jagdbeutereste vom Mammut kennt man aus
Großweikersdorf, Krems-Hundssteig, Langmannersdorf und
Senftenberg (alle in Niederösterreich).
Die Jäger von Krems-Hundssteig erbeuteten neben Mammuten
auch Wildpferde und Rentiere. Besonders aussagekräftig sind
die in zwei Knochenhaufen von Langmannersdorf an der
Perschling (Fundstelle B) entdeckten Jagdbeutereste. In einem
dieser in einiger Entfernung von einer großen Feuerstelle
liegenden Haufen barg man zwei vollständige Wolfsskelette,
einen Wolfsschädel und andere Knochen dieses Raubtieres
sowie eine Anzahl von Mammutknochen, die allesamt keine
Brandspuren aufwiesen. Der Wolfsschädel trug Spuren von
Verletzungen. Im anderen Knochenhaufen fand man den
beschädigten Schädel eines jungen Mammuts mit beiden
Stoßzähnen. Er lag mit dem Gaumen nach oben. Die
Backenzähne waren herausgerissen. Mit einem Quarzgeröll, das
sich mitten auf dem Gaumen befand, hatte man offenbar alles
Essbare durch Einschlagen der Schädeldecke herausgeholt. Der
Unterkiefer fehlte. Weitere Funde waren einige Mammut-
knochen und ein mit dem Gaumen nach oben gewandter
Wolfsschädel ohne Unterkiefer. In Senftenberg konnten außer
Jagdbeuteresten vom Mammut, Wildpferd und Rentier auch
solche vom Höhlenlöwen, Auerochsen und Rothirsch nach-
gewiesen werden. Zerschlagene Rentierknochen gehören zum
Fundgut von Stratzing-Galgenberg.
Die Holzlanzen und -speere wurden im Aurignacien mit aus
Tierknochen oder Mammutelfenbein geschnitzten Spitzen

*Speerspitze (Lautscher Spitze)
aus der Großen Badlhöhle
bei Peggau in Österreich.
Foto: Thilo Parg /
CC-BY-SA3.0
(via Wikimedia Commons),
lizensiert unter Creative-
Commons-Lizenz
by-sa-3.0,
https://creativecommons.org/
licenses/by-sa/3.0/legalcode*

bewehrt. Es gab im Aurignacien solche mit gespaltener Basis und andere mit massiver Basis, die Lautscher Spitzen genannt werden. Die Knochenspitzen vom Lautscher Typ ohne gespaltene Basis sind zuerst aus den Tropfsteinhöhlen von Mladec (früher Lautsch) bei Litovel (Littau) in Mähren (Tschechien) beschrieben worden. Als die berühmteste dieser Höhlen gilt die Höhle Bockova dira (früher Fürst-Johann-Höhle), in der zahlreiche Entdeckungen gelangen. Eine Lautscher Spitze fand man auch in der Großen Badlhöhle bei Peggau in der Steiermark.

Der Eingang der Höhle Bockova dira von Mladec wurde 1828 durch einen Steinbruchbetrieb entdeckt, der dort Straßenschotter abbaute. 1881 nahm der Wiener Archäologe Josef Szombathy (1855–1943) im Auftrag der „Prähistorischen Kommission der Wiener Akademie der Wissenschaften" und mit Genehmigung des regierenden Fürsten Johann II. von und zu Liechtenstein (1840–1929) Ausgrabungen vor. Dabei fand er 1881 ein menschliches Schädeldach und 1882 weitere Skelettreste. Ab 1902 grub der Besitzer der Höhle, Jan Nevrly, teilweise zusammen mit dem Oberlehrer und Prähistoriker Jan Knies (1860–1937), wiederholt in der Höhle. Nevrly, zerstritten mit der Fürstenfamilie Liechtenstein, baute eine Grenzmauer auf und öffnete später sogar einen neuen Zugang zur Höhle. 1904 kamen in einem kleinen, westlich neben dem Höhleneingang betriebenen Steinbruch unter dem eingestürzten Felsdach in einer Lehmablagerung Skelettteile von drei Menschen (zwei Erwachsene, ein Kind) zum Vorschein. Nach 1910 führten der Museumsverband von Litovel (Littau) unter Stanislav Smékal (1855–1927) Grabungen durch. 1912 erwarb die „Lautscher Gesellschaft" die Höhle. Insgesamt wurden in Mladec Skelettreste von mindestens sieben Menschen entdeckt.

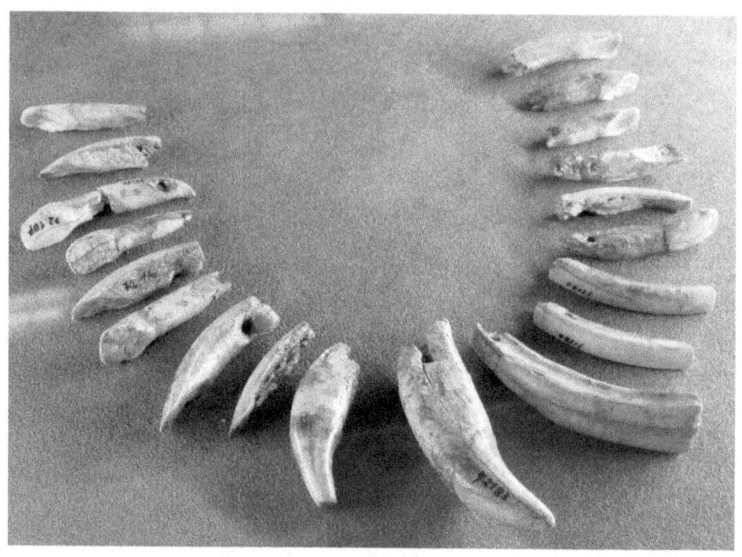

Kette aus Zähnen vom Höhlenbär, Wildpferd, Elch und Biber
aus Mladec (Lautsch) in Tschechien.
Originale im „Naturhistorischen Museum Wien".
Foto: Wolfgang Sauber / CC-BY-SA4.0 (via Wikimedia Commons)
lizensiert unter Creative-Commons-Lizenz by-sa-4.0-de,
https://creativecommons.org/licenses/by-sa/4.0/legalcode

Für die Im Aurignacien aufkommenden Tauschgeschäfte sprechen Schmuckschnecken und ein Bernsteinstück aus nieder-österreichischen Freilandsiedlungen, die nicht aus Österreich stammen. Bei den Schmuckschnecken von Krems-Hundssteig handelt es sich um einheimische Arten aus der Umgebung des Fundortes, aber auch aus der Donau bei Krems, aus dem Wiener Becken, und aus dem Mittelmeer. Die unterschiedlichen Herkunftsgebiete der verschiedenen Schmuckschneckenarten belegen weitreichende Fernverbindungen im Aurignacien. Die aus fremden Gebieten stammenden Schmuckschnecken dürften über eine Vielzahl von Zwischenhändlern nach Niederösterreich gelangt sein. Sie wurden weitergereicht, wenn sich die Menschen des Aurignacien bei ihren Wanderungen oder Jagdunternehmungen trafen. Die durchbohrten Schneckengehäuse nähte man meist auf die aus Tierfellen oder -leder angefertigte Kleidung auf. Kleidungsreste aus dem Aurignacien hat man jedoch bisher in Österreich nicht nachweisen können, aber auf manchen Kunstwerken aus dem Aurignacien wird Kleidung angedeutet.

Bei den Aurignacien-Leuten war das Bedürfnis, sich zu schmücken, stark ausgeprägt. Dies zeigen die an den niederösterreichischen Fundstellen Getzersdorf, Krems-Hundssteig, Langmannersdorf und Senftenberg entdeckten Schmuckstücke. Neben nur wenige Millimeter bis einige Zentimeter großen Schmuckschnecken gab es auch Objekte aus Kalk, Nephrit (ein dichtes, grünes, verworren-faseriges Gestein) und Bernstein. Die durchlochten Schmuckschnecken dienten außer als Verzierung für die Kleidung auch als Bestandteile von Hals- oder Armketten, dazu wurden sie auf Schnüre oder Lederbänder aufgefädelt. Manche Schmuck-schnecken wiesen beim Auffinden noch Farbspuren auf. Das war beispielsweise in Krems-Hundssteig der Fall. Die Farbe stammte von Hämatit

„Venus vom Galgenberg" aus Stratzing bei Krems in Österreich.
Foto: Aiwok / CC-BY-SA3.0AT (via Wikimedia Commons)
lizensiert unter Creative-Commons-Lizenz by-sa-3.0-at,
https://creativecommons.org/licenses/by-sa/3.0/at/legalcode

(einem rötlichen Eisenerz) oder Ocker. Dieses Material wurde unter anderem in Langmannersdorf entdeckt. Man konnte es zu Pulver zerreiben, mit Wasser vermischen und so eine intensiv färbende Paste herstellen, mit der man unterschiedliche Gegenstände verschönerte. Schmuck aus Kalk ist aus Getzersdorf bekannt. Dabei handelt es sich um zwei große, rundliche und durchbohrte Kalkkonkretionen, die vielleicht Teil einer Kette waren. Einen Anhänger aus Nephrit barg man in Krems-Hundssteig. In Langmannersdorf kam ein Bern-steinstück zum Vorschein.

Als das älteste Kunstwerk Österreichs gilt die am 23. September 1988 bei Ausgrabungen der Prähistorikerin Christine Neugebauer-Maresch am Galgenberg von Stratzing bei Krems entdeckte Menschenfigur. Sie wurde aus einer schieferigen, grünen Amphibolitplatte geschaffen. Die Vorderseite des 7,20 Zentimeter hohen Kunstwerks ist halbrund gestaltet, die Rückseite teilweise flach belassen. Auf der Rückseite sind deutliche Ritzlinien erkennbar. Der Kopf weist an der dem erhobenen Arm zugewandten Seite Kerben auf. Die aus mehreren Bruchstücken zusammengesetzte Figur ist vielleicht weiblich, Christine Neugebauer-Maresch meinte jedenfalls eine links zur Seite gedrehte Brust zu erkennen. Sie wirkt nicht steif und dick wie die einige tausend Jahre später geschaffene „Venus von Willendorf" aus dem Gravettien, die 1908 geborgen wurde. Mit ihren normalen Proportionen, dem erhobenen linken Arm, dem seitlich abgestemmten rechten Arm, dem gedrehten Körper und den deutlich getrennten Beinen erscheint sie eher grazil und tänzerisch. Deshalb hat man sie auch in Anlehnung an Fanny Elßler (1810–1884), die berühmteste Tänzerin Österreichs, als „Fanny – die tanzende Venus vom Galgenberg" bezeichnet. Nach letzten Altersdatierungen beträgt das geologische Alter von „Fanny" ungefähr 36.000 Jahre.

Aus Mammutelfenbein geschnitzte Raubkatze
aus der Vogelherdhöhle bei Niederstotzingen im Lonetal
in Baden-Württemberg.
Foto: Museopedia / CC-BY-SA4.0
(via Wikimedia Commons)
lizensiert unter Creative-Commons-Lizenz by-sa-4.0-de,
https://creativecommons.org/licenses/by-sa/4.0/legalcode

Aus Mammutelfenbein geschnitztes Wildpferd
aus der Vogelherdhöhle bei Niederstotzingen im Lonetal
in Baden-Württemberg.
Foto: Wuselig / CC-BY-SA3.0
(via Wikimedia Commons)
lizensiert unter Creative-Commons-Lizenz by-sa-3.0-en,
https://creativecommons.org/licenses/by-sa/3.0/legalcode

Vorher war von ca. 32.000 Jahren die Rede gewesen. Man darf man solche Datierungen nicht immer wichtig nehmen.

Am weiblichen Geschlecht der Menschenfigur von Stratzing sind später Zweifel laut geworden. Der Prähistoriker Friedrich Brandtner aus Gars deutete das Kunstwerk als einen Jäger mit geschulterter Keule. Derartige Keulen sind aus mährischen Lagern von Mammutjägern bekannt. Die von Christine Neugebauer-Maresch erwähnte weibliche Brust wurde von Brandtner als Rest eines abgewinkelten Armes betrachtet.

Erstaunlich realistisch wirken aus Mammutelfenbein geschnitzte, nur wenige Zentimeter große Tierfiguren aus dem Aurignacien, die in süddeutschen Höhlen geborgen wurden. Aus der Geißenklösterlehöhle bei Blaubeuren-Weiler in Baden-Württemberg stammen Elfenbeinschnitzereien, die das Mammut (zwei Funde), den Wisent und den Höhlenbären zeigen. Besonders gelungene Tierfiguren aus Elfenbein wurden in der Vogelherdhöhle in Baden-Württemberg zu unterschiedlichen Zeiten absichtlich abgelegt. Seit den ersten Ausgrabungen des Tübinger Prähistorikers Gustav Riek (1900–1976) hat man drei Mammute, ein Fellnashorn, einen Wisent, ein Wildpferd und fünf Raubkatzen entdeckt.

Bei den zumeist aus Feuerstein geschlagenen Steinwerkzeugen der Aurignacien-Leute überwogen die Klingen. Die Feuersteinwerkzeuge von Krems-Hundssteig gleichen in Machart und Material so auffällig denen von Gobelsburg in Niederösterreich, dass man verleitet sein könnte, dahinter dieselben Hersteller zu vermuten. Zu den bekanntesten Steinwerkzeugen von Krems-Hundssteig zählt die Kremser Spitze. Sie ist an beiden Seitenkanten sehr fein perlartig retuschiert. Die Kremser Spitze könnte zum Ritzen oder Bohren gedient haben, meinen manche Prähistoriker. Bei der Werkzeugherstellung benötigte man eine feste Unterlage, auf die man das zu bearbeitende

Rohmaterial legen konnte. Dafür wurde in Langmannersdorf offenbar ein zwei Meter langer Mammutstoßzahn ohne Spitze benutzt. Seine Oberfläche sieht so aus, als habe man darauf Knochen oder anderes Material zerschlagen.

Die wichtigsten Waffen der Aurignacien-Jäger dürften Stoßlanzen und Wurfspeere gewesen sein. Diese bestanden aus langen, mit scharfkantigen Feuersteinwerkzeugen geglätteten Holzschäften, die man mit knöchernen Spitzen bewehrte oder bloß zuspitzte und im Feuer härtete. Insgesamt acht solcher Knochenspitzen kamen in der Tischoferhöhle bei Kufstein zum Vorschein. In einer Seitennische der „Löwenhalle" der Großen Badlhöhle wurde bereits 1837 bei Ausgrabungen durch Wilhelm Ritter von Haidinger (1795–1871) aus Wien und den Botaniker Franz Unger (1800–1870) aus Graz eine Knochenspitze entdeckt. Dabei handelt es sich um eine Lautscher Spitze, die nach dem mährischen Fundort Mladeè (Lautsch) benannt ist.

Der Technokomplex des Aurignacien ist in Ost- und Mitteleuropa älter als in Südwestfrankreich. Das legt eine Ost-West Bewegung nahe. Der in Krems arbeitende Wissenschaftler Wolfgang Heinrich ging davon aus, dass die Aurignacien-Leute von ihrem Ursprungsgebiet im Vorderen Orient auf ihrem Weg von Osten nach Westen entlang der Karpaten, die Donau aufwärts, ins Illyrikum gezogen seien. Für denkbar hält er aber auch, dass sie, der Mittelmeerküste bis Istrien folgend, nach Mitteleuropa gelangt seien.

Über die Geisteswelt der Aurignacien-Leute auf dem Gebiet des heutigen Österreich kann man lediglich spekulieren. Aus Süddeutschland kennt man aus Mammutelfenbein geschnitzte Figuren aus dem Aurignacien, die zu allerlei Spekulationen Anlass geben.

Das geheimnisvollste Kunstwerk aus dem Aurignacien in Deutschland ist wohl ein fast 30 Zentimeter hohes, aus

Fast 30 Zentimeter hohes,
aus Mammutelfenbein geschnitztes Mensch-Tier-Wesen
aus der Höhle Hohlenstein-Stadel in Lonetal in Baden-Württemberg.
Die Figur hat den Kopf einer Höhlenlöwin,
gespreizte Beine und Füße mit Hufen.
Foto: Dagmar Hollmann / CC-BY-SA4.0
(via Wikimedia Commons)
lizensiert unter Creative-Commons-Lizenz by-sa-4.0-de,
https://creativecommons.org/licenses/by-sa/4.0/legalcode

Mammutelfenbein geschnitztes Mensch-Tier-Wesen aus der Höhle Hohlenstein-Stadel bei Asselfingen in Baden-Württemberg. Die wie ein Mensch aufrecht stehende Figur trägt den Kopf einer Höhlenlöwin mit nach vorn gerichteten Ohren. Sie blickt aufmerksam in die Ferne, hat einen ruhig herabhängenden linken Arm (der rechte fehlt) sowie gespreizte Beine und Füße mit Hufen. Verkörperte diese seltsame Figur vielleicht eine Gottheit?

In der Geißenklösterlehöhle bei Blaubeuren Weiler in Baden-Württemberg fand man ein kleines Elfenbeinplättchen, auf dem das Halbrelief eines Menschen zu erkennen ist. Mit hoch erhobenen Armen und gespreizten, hufartigen Füßen nimmt er die Körperhaltung eines Betenden (Adorant) oder Zauberers (Schamane) ein. Am linken Arm sind mehrere Kerben eingeschnitten. Der Rand des 3,8 Zentimeter langen, 1,4 Zentimeter breiten und fast einen halben Zentimeter dicken Elfenbeinplättchens ist auf der Rückseite gekerbt. Die Rückfront enthält außerdem vier Einstichreihen mit unter-schiedlich vielen Vertiefungen, die vielleicht als kalenderartige Aufzeichnungen gedacht waren.

In der Höhle Hohle Fels bei Schelklingen (Alb-Donau-Kreis) in Baden-Württemberg gelang bei einer Ausgrabung des amerikanisch-deutschen Prähistorikers Nicholas J. Conard im September 2008 die Entdeckung einer kleinen zerbrochenen Frauenfigur aus Mammutelfenbein ohne Kopf mit großen Brüsten. Aufgefunden hat man die Bruchstücke etwa 20 Meter vom Höhleneingang entfernt rund drei Meter unter der heutigen Oberfläche des Höhlenbodens. Die Figur war in sechs Teile zerbrochen, die dicht beieinander und übereinander lagen. Man setzte die Fragmente zusammen, die eine nackte Frauenfigur ergaben, und präsentierte die „Venus vom Hohle Fels" (auch Hohlefels) am 13. Mai 2009 der Presse. Laut Radio-

Halbrelief eines Menschen in Gebetshaltung
aus der Geißenklösterlehöhle bei Blaubeuren-Weiler im Achtal
in Baden-Württemberg.
Foto: Thilo Parg / CC-BY-SA3.0 (via Wikimedia Commons)
lizensiert unter Creative-Commons-Lizenz by-sa-3.0,
https://creativecommons.org/licenses/by-sa/3.0/legalcode

Sensationsfund vom September 2008:
„Venus vom Hohle Fels" bei Schelklingen
in Baden-Württemberg.
Foto: Ramessos / CC-BY-SA3.0 (via Wikimedia Commons)
lizensiert unter Creative-Commons-Lizenz by-sa-3.0-de,
https://creativecommons.org/licenses/by-sa/3.0/legalcode3.0

Replik einer Malerei aus dem Aurignacien
in der Chauvet-Höhle bei Vallon-Pont-d'Arc in Frankreich
im „Museum Anthropos" in Brno.
Sie zeigt eine Gruppe eiszeitlicher Höhlenlöwen.
Foto: HTO (via Wikimedia Commons),
Lizenz: gemeinfrei (Public domain)

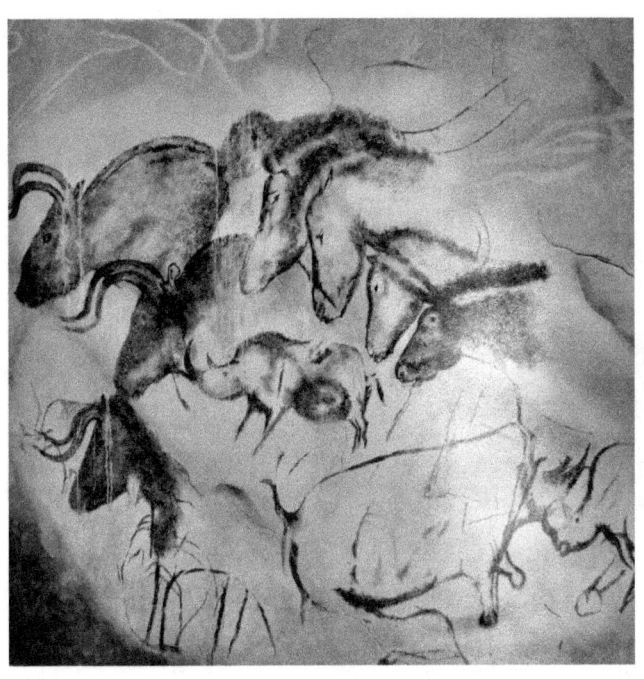

Darstellungen von Auerochsen, Wildpferden
und Fellnashörnern in der Chauvet-Höhle
bei Vallon-Pont-d'Arc im französischen Département Ardèche.
Foto: Thomas T. / CC-BY-SA2.0 (via Wikimedia Commons)
lizensiert unter Creative-Commons-Lizenz by-sa-2.0,
https://creativecommons.org/licenses/by-sa/2.0/legalcode

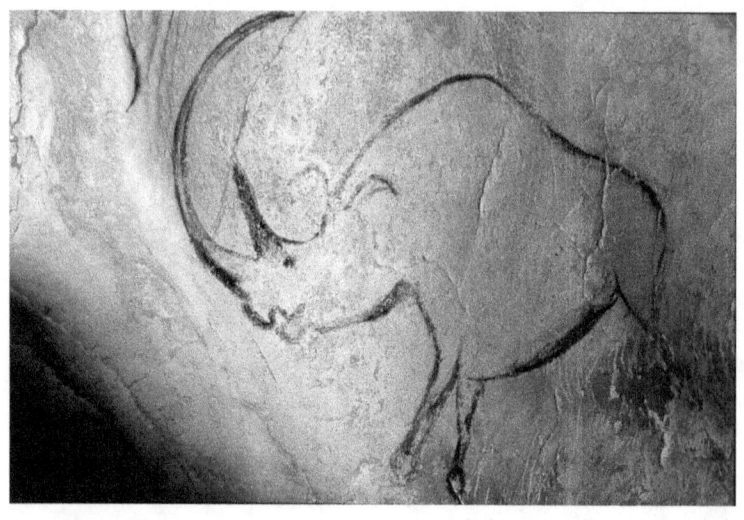

Darstellung eines Fellnashorns in der Chauvet-Höhle
bei Vallon-Pont-d'Arc im französischen Département Ardèche.
Foto: Inocybe at French Wikipedia,
Lizenz: gemeinfrei (Public domain)

kohlenstoff-Datierung sind die Schichten Va und Vb, in der die Teile zum Vorschein kam, mindestens 35.000 Jahre alt. Diese älteste bekannte Menschendarstellung wurde 2009 in der „Landesausstellung Baden-Württemberg" mit dem Titel „Eiszeit – Kunst und Kultur" im „Kunstgebäude Stuttgart" gezeigt. Seit 2014 bildet die „Venus vom Hohle Fels" eine Attraktion in der neuen Dauerausstellung des „Urgeschichtlichen Museums Blaubeuren". Die Figur ist 59,7 Millimeter hoch, 34,6 Millimeter breit, 31,3 Millimeter dick und 33,3 Gramm schwer. Statt eines Kopfes trägt sie eine quer durchlochte Öse, was verrät, dass sie als Anhänger diente. Der linke Arm und die Schulter fehlen. Die Figur weist etliche Ritzlinien und Kerben auf. Der englische Prähistoriker Paul Mellars meinte, die figürlichen Merkmale jener Venus würden nach Maßstäben des 21. Jahrhunderts an Pornographie grenzen.

Von begnadeten Künstlern aus dem Aurignacien sind die eindrucksvollen Tierbilder in der Chauvet-Höhle nahe der südfranzösischen Kleinstadt Vallon-Pont-d'Arc im Département Ardèche geschaffen worden. Diese Höhle enthält Bilder von Fellnashörnern, Wildpferden, Höhlenlöwen und anderen eiszeitlichen Tieren. Die ersten der mehr als 300 Wandbilder mit über 400 Tierdarstellungen in der Chauvet-Höhle sind vielleicht schon vor etwa 37.000 Jahren entstanden. Sie gelten als die ältesten bekannten Höhlenmalereien und Höhlenzeichnungen.

Die kunstsinnigen Aurignacien-Menschen haben auch die Musik geschätzt. Aus baden-württembergischen Höhlen sind etliche mindestens 35.000 Jahre alte Flöten bekannt. Allein in der Geißenklösterlehöhle bei Blaubeuren-Weiler hat man drei Flöten geborgen. Flöte 1 ist 12,6 Zentimeter lang und besteht aus dem Knochen eines Singschwans. Flöte 2 mit zwei Lochresten ist nur fragmentarisch erhalten und aus dem

Flöte aus dem Flügelknochen eines Singschwans aus der
Geißenklösterlehöhle bei Blaubeuren-Weiler in Baden-Württemberg.
Foto: Thilo Parg / CC-BY-SA3.0 (via Wikimedia Commons)
lizensiert unter Creative-Commons-Lizenz by-sa-3.0-de,
https://creativecommons.org/licenses/by-sa/3.0/legalcode

Röhrenknochen eines Vogels angefertigt. Flöte 3 besteht aus zwei ausgehöhlten Mammutelfenbeinspänen, die man zusammenklebte. – In der Höhle Hohler Fels bei Schelklingen fand man im Sommer 2008 eine fast 22 Zentimeter lange, maximal 8 Millimeter breite Flöte mit fünf Löchern aus dem Speichenknochen eines Gänsegeiers. Außerdem entdeckte man dort Bruchstücke von zwei Flöten aus Mammutelfenbein, die wie der Fund aus der Geißen-klösterlehöhle konstruiert waren. – Fragmente von drei Flöten gehören zum Fundgut der Vogelherdhöhle bei Niederstotzingen. Eine stellte man aus einem Vogelknochen her, eine zweite aus Mammutelfenbein und eine dritte mit zwei angeschnittenen Löchern aus einem Gänsegeierknochen.

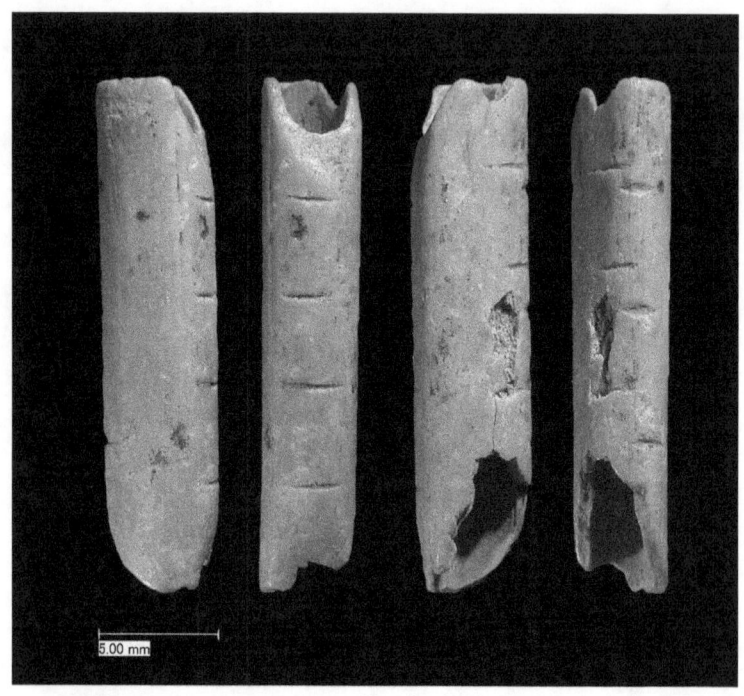

Bruchstücke einer Flöte mit fünf Löchern
aus dem Speichenknochen eines Gänsegeiers aus der Höhle Hohler Fels
bei Schelklingen in Baden-Württemberg.
Foto: Museopedia / CC-BY-SA4.0 (via Wikimedia Commons)
lizensiert unter Creative-Commons-Lizenz by-sa-4.0-en,
https://creativecommons.org/licenses/by-sa/4.0/legalcode

Literatur

BAYER, Josef: Der Mammutjägerhalt der Aurignacienzeit bei Lang-Mannersdorf a.d. Perschling (Nied.-Öst.). Mannus, S. 76–81, Leipzig 1921

BAYER, Josef: Zwei Aurignacienstationen in der Gegend von Gösing in Niederösterreich. Die Eiszeit, S. 112–115, Leipzig 1925

BAYER, Josef: Die Olschewa-Kultur. Die Eiszeit, S. 83–100, Leipzig 1929

BENINGER, Eduard: Franz Kießling (1859–1940). Wiener Prähistorische Zeitschrift, S. 202–214, Wien 1940

BOSINSKI, Gerhard / CHAUVET, Jean M. / BRUNEL-DESCHAMPS, Eliette / HILLAIRE, Christian: Grotte Chauvet bei Vallon-Pont-d'Arc : Altsteinzeitliche Höhlenkunst im Tal der Ardeche, Stuttgart 2001

DRÖSSLER, Rudolf: Kunst der Eiszeit. Von Spanien bis Sibirien, Leipzig 1980

HAMPL, Franz: Das Aurignacien aus Senftenberg im Kremstal, N.-O. Archaeologia Austriaca, S. 80–96, Wien 1950

HEINRICH, Angelika: Josef Szombathy (1853–1943). Mitteilungen der Anthropologischen Gesellschaft in Wien, Band 133, S. 1–45, Wien 2003

HEINRICH, Wolfgang: Das Jungpaläolithikum in Niederösterreich, Salzburg 1973

HEINRICH, Wolfgang: Die eiszeitliche Jagdstation Horn-Raabser Straße. Höbarthmuseum und Museumsverein in Horn 1930--1980. Festschrift zur 50-Jahr-Feier, S. 45–72, Horn 1980

JELINEK, Jan: Das große Bilderlexikon des Menschen in der Vorzeit, Gütersloh 1976

KIESSLING, Franz: Die Aurignacienstation im Grubgraben bei Kammern in Niederösterreich. Mitteilungen der Anthropologischen Gesellschaft in Wien, S. 229–246, Wien 1919

KIESSLING, Franz/OBERMAIER, Hugo: Das Plateaulehm-Paläolithikum des nordöstlichen Waldviertels von Niederösterreich. Mitteilungen der Anthropologischen Gesellschaft in Wien, S. 1–32. Wien 1911

MENGHIN, Osmund: Früh-Aurignacium-Funde aus Tirol – Zur Geschichte und geochronologischen Stellung der Tischoferhöhle. Beiträge zur Urgeschichte Tirols, S. 11–38, Innsbruck 1969

MORTILLET, Gabriel de: Essai d'une classification des cavernes et des stations sous abri, fondée sur les produits de l'industrie humaine. Matériaux pour l'Histoire Primitive et Naturelle de l'Homme, Paris 1869

MUCH, Matthäus: Über die Zeit des Mammuth im Allgemeinen und über einige Lagerplätze von Mammuthjägern im Besonderen. Mittheilungen der Anthropologischen Gesellschaft in Wien, Seite 18–64, Wien 1882

NEUGEBAUER, Johannes Wolfgang: Österreichs Urzeit. Bärenjäger - Bauern - Bergleute, Wien 1990

NEUGEBAUER-MARESCH, Christine: Vorbericht über die Rettungsgrabungen an der Aurignacien-Station Stratzing/Krems-Rehberg in den Jahren 1985–1989, zum Neufund einer weiblichen Statuette, Fundberichte aus Österreich, Band 26, S. 73–84, Horn 1987

NEUGEBAUER-MARESCH, Christine: Zum Neufund einer weiblichen Statuette bei den Rettungsgrabungen an der Aurignacien-Station Stratzing/Krems-Rehberg, Niederösterreich. Germania, S. 551–559, Frankfurt am Main 1989

PROBST, Ernst: Mit Holzlanzen auf Mammutjagd. Das Aurignacien. In: Deutschland in der Steinzeit. Jäger, Fischer und Bauern zwischen Nordseeküste und Alpenraum, S. 129–133, München 1991
SCHLOSSER, Max: Die Bären- oder Tischoferhöhle im Kaisertal bei Kufstein, München 1909
SCHMIDT, Hubert: Matthäus Much †. Prähistorische Zeitschrift, S. 430–423, Berlin 1909
SCHOTT, Lothar: Der Meinungsstreit um den Skelettfund aus dem Neandertal. Ausgrabungen und Funde, S. 235–238, Berlin 1977
STROBL, Johann/OBERMAIER, Hugo: Die Aurignacienstation von Krems. Jahrbuch für Altertumskunde, S. 129–148, Wien 1910
WEINFURTER, Emil: Zwei neue Aurignacien-Fundstellen aus Niederösterreich. Archaeologia Austriaca, S. 97–113, Wien 1950
WIKIPEDIA (Online-Lexikon): Aurignacien
https://de.wikipedia.org/wiki/Aurignacien
WIKIPEDIA (Online-Lexikon) Venus vom Galgenberg
https://de.wikipedia.org/wiki/Venus_vom_Galgenberg

Wissenschaftsautor Ernst Probst.
Foto: Klaus Benz, Fotograf, Mainz-Laubenheim

Der Autor

Ernst Probst, geboren am 20. Januar 1946 in Neunburg vorm Wald im bayerischen Regierungsbezirk Oberpfalz, ist Journalist und Wissenschaftsautor. Er arbeitete von 1968 bis 1971 bei den „Nürnberger Nachrichten", von 1971 bis 1973 in der Zentralredaktion des „Ring Nordbayerischer Tageszeitungen" in Bayreuth und von 1973 bis 2001 bei der „Allgemeinen Zeitung", Mainz. In seiner Freizeit schrieb er Artikel für die „Frankfurter Allgemeine Zeitung", „Süddeutsche Zeitung", „Die Welt", „Frankfurter Rundschau", „Neue Zürcher Zeitung", „Tages-Anzeiger", Zürich, „Salzburger Nachrichten", „Die Zeit", „Rheinischer Merkur", „Deutsches Allgemeines Sonntagsblatt", „bild der wissenschaft", „kosmos", „Deutsche Presse-Agentur" (dpa), „Associated Press" (AP) und den „Deutschen Forschungsdienst" (df). Aus seiner Feder stammen die Bücher „Deutschland in der Urzeit" (1986), „Deutschland in der Steinzeit" (1991), „Rekorde der Urzeit" (1992), „Dinosaurier in Deutschland" (1993 zusammen mit Raymund Windolf) und „Deutschland in der Bronzezeit" (1996). Von 2001 bis 2006 betätigte sich Ernst Probst als Buchverleger sowie zeitweise als internationaler Fossilienhändler und Antiquitätenhändler. Insgesamt veröffentlichte er mehr als 300 Bücher, Taschenbücher, Broschüren und über 300 E-Books.

Bücher von Ernst Probst

(Auswahl)

Als Mainz noch nicht am Rhein lag
Archaeopteryx. Die Urvögel in Bayern
Christl-Marie Schultes. Die erste Fliegerin in Bayern
(zusammen mit Theo Lederer)
Der Europäische Jaguar
Der Mosbacher Löwe. Die riesige Raubkatze aus Wiesbaden
Der Rhein-Elefant. Das Schreckenstier von Eppelsheim
Der Schwarze Peter. Ein Räuber im Hunsrück und Odenwald
Der Ur-Rhein. Rheinhessen vor zehn Millionen Jahren
Deutschland im Eiszeitalter
Deutschland in der Frühbronzezeit
Deutschland in der Mittelbronzezeit
Deutschland in der Spätbronzezeit
Die Aunjetitzer Kultur in Deutschland
Die Straubinger Kultur in Deutschland
Die Singener Gruppe
Die Arbon-Kultur in Deutschland
Die Ries-Gruppe und die Neckar-Gruppe
Die Adlerberg-Kultur
Der Sögel-Wohlde-Kreis
Die nordische Bronzezeit in Deutschland
Die Hügelgräber-Kultur in Deutschland
Die ältere Bronzezeit in Nordrhein-Westfalen
Die Bronzezeit in der Lüneburger Heide
Die Stader Gruppe

Die Oldenburg-emsländische Gruppe
Die Urnenfelder-Kultur in Deutschland
Die ältere Niederrheinische Grabhügel-Kultur
Die Unstrut-Gruppe
Die Helmsdorfer Gruppe
Die Saalemündungs-Gruppe
Die Lausitzer Kultur in Deutschland
Die Dolchzahnkatze Megantereon
Die Dolchzahnkatze Smilodon
Die Säbelzahnkatze Homotherium
Die Säbelzahnkatze Machairodus
Die Schweiz in der Frühbronzezeit
Die Rhône-Kultur in der Westschweiz
Die Arbon-Kultur in der Schweiz
Die Schweiz in der Mittelbronzezeit
Die Schweiz in der Spätbronzezeit
Dinosaurier von A bis K. Von Abelisaurus bis zu Kritosaurus
Dinosaurier von L bis Z. Von Labocania bis zu Zupaysaurus
Der rätselhafte Spinosaurus. Leben und Werk des Forschers
Ernst Stromer von Reichenbach
Eiszeitliche Geparde in Deutschland
Eiszeitliche Leoparden in Deutschland
Frauen im Weltall
Hildegard von Bingen. Die deutsche Prophetin
Höhlenlöwen. Raubkatzen im Eiszeitalter
Julchen Blasius. Die Räuberbraut des Schinderhannes
Johann Jakob Kaup. Der große Naturforscher aus Darmstadt
Königinnen der Lüfte
Königinnen der Lüfte in Deutschland
Königinnen der Lüfte in Europa
Königinnen der Lüfte in Frankreich

Königinnen der Lüfte in England und Australien
Königinnen der Lüfte in Amerika
Königinnen der Lüfte von A bis Z
Königinnen des Tanzes
Malende Superfrauen
Meine Worte sind wie die Sterne Die Entstehung der Rede des Häuptlings Seattle (zusammen mit Sonja Probst, verheiratete Werner)
Monstern auf der Spur. Wie die Sagen über Drachen, Riesen und Einhörner entstanden
Neues vom Ur-Rhein. Interview mit dem Geologen und Paläontologen Dr. Jens Sommer
Österreich in der Frühbronzezeit
Österreich in der Mittelbronzezeit
Österreich in der Spätbronzezeit
Pompadour und Dubarry. Die Mätressen von Louis XV.
Raub-Dinosaurier von A bis Z. Mit Zeichnungen von Dmitry Bogdanav und Nobu Tamura
Rekorde der Urmenschen. Erfindungen, Kunst und Religion
Rekorde der Urzeit. Landschaften, Pflanzen und Tiere
Säbelzahnkatzen. Von Machairodus bis zu Smilodon
Säbelzahntiger am Ur-Rhein. Machairodus und Paramachairodus
Superfrauen aus dem Wilden Westen
Superfrauen 1 – Geschichte
Superfrauen 2 – Religion
Superfrauen 3 – Politik
Superfrauen 4 – Wirtschaft und Verkehr
Superfrauen 5 – Wissenschaft
Superfrauen 6 – Medizin
Superfrauen 7 – Film und Theater

Superfrauen 8 – Literatur
Superfrauen 9 – Malerei und Fotografie
Superfrauen 10 – Musik und Tanz
Superfrauen 11 – Feminismus und Familie
Superfrauen 12 – Sport
Superfrauen 13 – Mode und Kosmetik
Superfrauen 14 – Medien und Astrologie
Tony und Bruno Werntgen. Zwei Leben für die Luftfahrt
(zusammen mit Paul Wirtz)
Was ist ein Menhir? Interview mit dem Mainzer Archäologen
Dr. Detert Zylmann
Wer ist der kleinste Dinosaurier? Interviews mit dem
Wissenschaftsautor Ernst Probst
Wer war der Stammvater der Insekten? Interview mit dem
Stuttgarter Biologen und Paläontologen Dr. Günther Bechly
Kastel in der Vorzeit. Von der Jungsteinzeit bis Christi Geburt
Kostheim in der Vorzeit. Von der Jungsteinzeit bis Christi
Geburt
Wiesbaden in der Steinzeit
Die Altsteinzeit. Eine Periode der Steinzeit in Europa vor etwa
1.000.000 bis 10.000 Jahren
Die Altsteinzeit in Österreich. Jäger und Sammler vor
250.000 bis 10.000 Jahren
Die Mittelsteinzeit. Eine Periode der Steinzeit vor etwa 8.000
bis 5.000 v. Chr.
Die Jungsteinzeit. Eine Periode der Steinzeit vor etwa 5.500
bis 2.300 v. Chr.
Das Moustérien in Österreich
Das Aurignacien. Eine Kulturstufe der Altsteinzeit vor etwa
35.000 bis 29.000 Jahren
Das Aurignacien in Österreich

Das Gravettien. Eine Kulturstufe der Altsteinzeit vor etwa 28.000 bis 21.000 Jahren

Das Gravettien in Österreich

Das Magdalénien. Die Blütezeit der Rentierjäger vor etwa 15.000 bis 11.500 Jahren

Das Magdalénien in Österreich

Die Hamburger Kultur. Eine Kulturstufe der Altsteinzeit vor etwa 15.000 bis 14.000 Jahren

Die Federmesser-Gruppe. Eine Kulturstufe der Altsteinzeit vor etwa 12.000 bis 10.700 Jahren

Das Jungacheuléen in Österreich

Das Moustérien in Österreich

Das Aurignacien in Österreich

Das Magdalénien in Österreich

Die Mittelsteinzeit. Eine Periode der Steinzeit vor etwa 8.000 bis 5.000 v. Chr.

Die Mittelsteinzeit in Baden-Württemberg

Die Mittelsteinzeit in Bayern

Die Mittelsteinzeit in Nordrhein-Westfalen

Die Ertebölle-Ellerbek-Kultur. Eine Kultur der Jungsteinzeit vor etwa 5.000 bis 4.300 v. Chr.

Die Stichbandkeramik. Eine Kultur der Jungsteinzeit vor etwa 4.900 bis 4.500 v. Chr.

Die Hinkelstein-Kultur. Eine Kultur der Jungsteinzeit vor etwa 4.900 bis 4.800 v. Chr.

Die Rössener Kultur. Eine Kultur der Jungsteinzeit vor etwa 4.600 bis 4.300 v. Chr.

Die Michelsberger Kultur. Eine Kultur der Jungsteinzeit vor etwa 4.300 bis 3.500 v. Chr.

Die Salzmünder Kultur. Eine Kultur der Jungsteinzeit vor etwa 3.700 is 3.200 v. Chr.

Die Wartberg-Kultur. Eine Kultur der Jungsteinzeit vor etwa 3.500 bis 2.800 v. Chr.

Die Walternienburg-Bernburger Kultur. Eine Kultur der Jungsteinzeit vor etwa 3.200 bis 2.800 v. Chr.

Die Kugelamphoren-Kultur. Eine Kultur der Jungsteinzeit vor etwa 3.100 bis 2.700 v. Chr.

Die Glockenbecher-Kultur. Eine Kultur der Jungsteinzeit vor etwa 2.500 bis 2.200 v. Chr.